儿童 ErTong
安全常识
AnQuan ChangShi

中国职业安全健康协会　组织编写

煤 炭 工 业 出 版 社
·北　京·

图书在版编目（CIP）数据

儿童安全常识/中国职业安全健康协会组织编写.
－－北京：煤炭工业出版社，2018
ISBN 978－7－5020－6606－2

Ⅰ. ①儿⋯　Ⅱ. ①中⋯　Ⅲ. ①安全教育—儿童
读物　Ⅳ. ①X956－49

中国版本图书馆 CIP 数据核字（2018）第 082909 号

儿童安全常识

组织编写	中国职业安全健康协会
责任编辑	曲光宇
责任校对	孔青青
封面设计	罗针盘

出版发行　煤炭工业出版社（北京市朝阳区芍药居 35 号　100029）
电　　话　010－84657898（总编室）
　　　　　　010－64018321（发行部）　010－84657880（读者服务部）
电子信箱　cciph612@126.com
网　　址　www.cciph.com.cn
印　　刷　中国电影出版社印刷厂
经　　销　全国新华书店

开　　本　880mm×1230mm$^1/_{32}$　**印张**　$1^3/_8$　**字数**　19 千字
版　　次　2018 年 5 月第 1 版　2018 年 5 月第 1 次印刷
社内编号　20180227　　　　　　　**定价**　15.00 元

编写人员名单

陈文涛　尹忠昌　葛世友　唐小磊

高　旭　梁晓平　袁晓雨

目 录
Contents

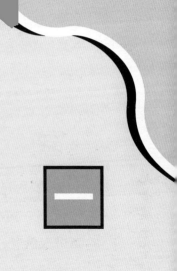

儿童家庭安全常识

Ertong Jiating Anquan Changshi

1. 厨房的安全

◆ 餐厅的环境要安静、温馨，吃饭时不可说笑、嬉闹，避免儿童在吃饭时，因情绪激动使食物呛咳进入气管造成窒息。

◆ 电源线不应随便放置，尤其是不能垂直悬挂放置，以防绊倒儿童或勒住儿童的脖子。

◆ 刀叉等厨具应放在柜橱或抽屉里，并上好锁，防止儿童将其打开。厨房里面放置了大量对儿童而言属"危险品"的物品，如各种洗涤用品、剪刀和刀叉之类尖锐器具，应谨慎收纳，避免危险。

◆ 儿童要远离灶台，以防儿童烫伤或烧伤。

2. 卫浴间的安全

◆ 浴缸不用时，不要储水，防止儿童溺水。

◆ 在浴缸或淋浴间内可装上扶手，卫生间应铺上防滑垫或使用防滑装修材料。

◆ 卫浴地面应保持干燥不湿滑，在淋浴处、洗手盆前和台阶上要放上防滑垫。

◆ 电吹风、烘干机、洗衣机等电器的使用频率较高，用完后要及时切断电源，防止儿童触电。

危险！

3. 居室的安全

◆ 3～6岁儿童好奇心大、活泼好动，自我防范意识尚不具备，为防止儿童攀爬坠落，最好在窗口、阳台安装坚固的防护栏。如窗户没有安装防护设施，则不宜将床、沙发、桌椅等有利于儿童攀爬的家具倚窗而放。

◆ 在儿童活动空间，最好使用无绳电话，以防止儿童被电话线或者听筒线绊倒。

◆ 使用防触电插座装置，防止儿童因好奇把手指或玩具插入插座内，导致触电事故发生。

◆ 经常自查地面是否有堆积物或者打滑液体。当地上有水时，要马上擦干，以保持地面干燥防止摔倒。

◆ 儿童要远离家庭健身器械。家庭健身器械容易造成儿童磕碰、挤压、触电等伤害。

◆ 存放热水的容器要放在儿童触及不到的地方，避免儿童触碰造成烫伤。

◆ 家中不要养殖常春藤、夹竹桃、心叶姜、马蹄莲等有毒植物，以免儿童误食造成中毒。

◆ 酒精、清洁剂、胶水等儿童不宜碰触的化学制品要放在儿童接触不到的地方，以免儿童误食。

◆ 家中的药品要放置在特定的地方收纳，避免儿童接触。

◆ 家中有棱角的家具都应该装上安全防撞台角，以防撞伤。

儿童家庭安全常识

4.儿童玩具的安全

◆ 购买质量合格的玩具，避免劣质玩具对儿童身体造成伤害。

◆ 不要给儿童玩带有尖角或易脱落小零件的玩具，防止儿童被划伤或误吞。

◆ 定期对玩具进行检查，查看玩具是否有损坏或部件散落的情况，以免破损处伤到儿童或存在误吞的可能。

　　◆ 定期对儿童玩具进行清洗或消毒，保持玩具的良好卫生，避免影响健康。

公共场所安全常识

Gonggong Changsuo Anquan Changshi

1. 公共场所活动安全

◆ 儿童不要离开家长的视线，避免走失。

◆ 人多拥挤时，家长一定要拉紧孩子的手，千万不要让孩子在人群中钻来钻去，更不要逆向行走，否则容易发生踩踏事件。

◆ 儿童在活动场地玩耍的时候，不要穿带细绳或腰部系绳的衣服，以免挂在器械上，导致危险。

◆ 乘坐扶梯时，不要玩耍、攀爬、打闹和逆向行走；乘坐垂直电梯时，不把手放在电梯门旁，以防止电梯门开启时挤伤手指。不要乱按电梯按钮。

2.儿童游乐设施安全

荡秋千

　　儿童荡秋千时应当坐稳，双手紧握秋千绳，不应站着或跪着，否则容易发生危险。不能在荡起的秋千周围奔跑或走动，以免被秋千撞到而受伤。切记不要把秋千荡得太高，以免发生意外，要等秋千完全停止后再下来。

跷跷板

　　玩跷跷板时儿童人数应遵循扶手设置。如果儿童和自己的伙伴相比体重太轻，就需要更换伙伴，而不是增加人数。儿童两手应紧紧握住把手，两脚自然放在两侧。不要试图触摸地面或者两手放空，不要反转过来，背对把手坐。当跷跷板有人在使用时，其他儿童要保持一定的安全距离。绝不要将肢体伸到跷跷板下面，或者站在跷跷板的横梁中间。

滑滑梯

　　玩滑梯时，应排队有序地一步一步上台阶，并且手扶栏杆攀到滑梯顶部。不要从滑梯口爬上滑梯，以防发生危险。不能头朝下滑，或者肚皮朝下趴着滑下去。从滑梯上滑下来后，应当立即起身，离开滑梯，避免压踏。

◆ 对于3～6岁儿童，由于胳膊肌肉力量比较弱，不宜攀爬过高的攀登架。

◆ 攀爬攀登架时，要用双手握住攀登架上的横杆，并能按先后顺序，等待前面的儿童先向前移动，自己再随之向前移动。

◆ 多个儿童在同一时间攀爬同一攀登架也是危险的。每个儿童均应从攀登架的同一侧开始攀爬，按同一方向向前移动。

◆ 当从攀登架上下来时，要注意避开那些正往上攀爬的儿童，不要互相竞争，或者试图伸手去抓距离自己较远的横杆。

游泳

◆ 儿童游泳时必须有成人陪同，不要离开家长或老师的视线。

◆ 严禁在非游泳区内游泳。

◆ 不要在游泳池四周打闹。

◆ 游泳前要做全身运动，充分活动关节，放松肌肉，以免下水后发生抽筋、扭伤。

3. 如何避免被动物咬伤

◆ 不要在狗接近时尖叫或跑步离开，不要盯着它们看，以避免造成惊扰发生伤害。

◆ 不要接近不熟悉的猫狗，不要"打扰"正在吃东西或睡觉的猫狗。

◆ 避免踩到猫狗的尾巴，抱起猫狗时不要提它们的尾巴。

◆ 喂猫狗食物时，不要直接用手拿着食物给它们吃，应放入专门的碗盆内或地上，让它们自己进食。

◆ 不要让儿童独自给猫狗洗澡；当家里的狗为烈性犬时，不要让儿童单独和它玩耍。

◆ 儿童到郊外时，应穿上较厚的鞋子保护脚部，不要随意到偏僻的草丛里玩耍探险，以防有蛇或其他具危险性的动物埋伏。

三

交通安全常识
Jiaotong Anquan Changshi

◆ 帮助儿童认识标志标线，遵守交通信号，牢记红灯停，绿灯行。

◆ 横过马路要走人行横道、过街天桥或地下通道。不要带儿童钻（跨）越交通隔离设施。

◆ 走路时注意力要集中，不可东张西望。不要让儿童在马路上追逐猛跑、嬉戏、打闹、游戏。

◆ 夜间运动或步行要尽量选择穿戴浅颜色的衣帽，让儿童在有路灯和标志线的地方横过马路。

◆ 不要让儿童在马路上滑旱冰、玩滑板、踢球等，以免被车撞伤。

◆ 乘车时要把稳坐好，不要让儿童把头、手、胳膊伸出车窗外，以免被对面来车或路边树木等刮伤。

◆ 儿童乘车时应使用儿童安全座椅。儿童不可以坐在汽车副驾驶位置。

急救常识

Jijiu Changshi

1. 烧烫伤不要随便涂抹药水

孩子活泼好动，如若父母不留意，最容易发生烫伤。

正确做法：

◆ 烫伤后，要迅速避开热源；用冷水持续冲洗伤处，或将伤处置于盛冷水的容器中浸泡，持续30分钟，以脱离冷源后疼痛显著减轻为准，这样可以减少水泡形成、防止留疤。

◆ 烧烫伤处如有衣裤，将覆盖在伤处的衣裤剪开，以避免使皮肤的烫伤因刮蹭变重。

◆ 创面不要抹红药水、紫药水等有色药液，也不要用碱面、牙膏等乱敷，以免造成感染。烧烫较严重者经过以上处理后，应尽快送往医院。

2. 宠物咬伤需打狂犬疫苗

养宠物的家庭尤其要保护好孩子，就算有些动物平日很温顺，也不可大意。

正确做法：

◆ 孩子被宠物咬伤后要观察伤口，如果出血多需要局部加压止血；如果出血不多，首先使用大量的清水和肥皂水将伤口清洗干净，以尽可能清除在伤口里面存留的狂犬病病毒。

◆ 初步处理后，用纱布轻轻覆盖伤口，迅速送到医院处理。

◆ 24小时以内应遵医嘱到防疫部门注射第一针狂犬疫苗，全程打完五针疫苗才能有效保护身体。

3. 划伤不可大意

孩子生性好动，很容易划伤。

正确做法：

◆ 先用清水或稀释的消毒药水把伤口洗干净，然后止血。

◆ 如果伤口较深长的话，要用消毒纱布将伤口及周围包扎住，可以包扎得稍紧一些以止血；对于四肢上出血较多的伤口，可以抬高患肢以止血。做完初步的包扎止血措施之后应立即看医生。

4.吞食异物的正确拍打方法

3岁以下的孩子容易将看见的物品塞入口嘴中，此时家长需要特别留意。如若不慎误吞，要第一时间处置。

正确做法：

◆ 家长坐在椅子上，孩子俯卧在家长的双腿上，上胸部和头部低垂着，家长用一只手固定孩子，另一只手有节奏地拍击其两肩之间的背部，使气道内的阻塞物脱离原位而咳出。必要的时候要做人工呼吸或心外按摩。

5. 鱼刺卡喉需停止进食

鱼刺卡喉较容易发生在孩子身上，且十分危险。

正确做法：

◆ 鱼刺卡喉后，应立即停止进食，尽量减少吞咽动作，然后将压舌板或筷子放在舌部前三分之二处轻轻平压。

◆ 如咽喉部能看见鱼刺，刺不大且扎得不深，可以用镊子钳住将其慢慢夹出；若鱼刺位置卡得较深或已经看不见了，必须尽快就医。

6. 头部摔伤先清理口腔

磕磕碰碰在孩子日常最为常见，但如果摔到头部则要多加留意谨慎处理。

正确做法：

◆ 摔跤导致头受伤，应立即清除口腔中的血液和杂物，再临时用纱布做个垫托，放在下巴处，并用窄绷带或围巾托住，将绷带两端在头顶打一个平结，绷带结要打得松紧适度，既能承托下巴，使其固定不动，又不致使孩子牙齿咬得太紧，然后尽快去医院处置。

7. 误吃腐蚀物千万别着急催吐

孩子不小心吃到了腐蚀性的东西切不可大意。

正确做法：

◆ 如果误喝洁厕灵等碱性很强的毒物，立即让孩子喝醋、柠檬汁、橘子汁等来弱化碱性；如果误喝酸性很强的毒物，如浓盐酸、消毒液等，要尽快让孩子喝苏打水、肥皂水来中和酸性。

◆ 要特别强调的是，如果孩子误服了以上强酸、强碱性毒物，千万不要着急催吐，否则会给孩子的消化道带来二次损伤。家庭基础处理完后，尽快送孩子去医院救治。

8. 溺水后不要倒置控水

溺水后，有家长提着溺水孩子的双脚做倒立状控水，这样做效果甚微，还会延误抢救时间。

正确做法：

◆ 将孩子平放，迅速撬开其口腔，清除咽内、鼻内异物。溺水后舌头会后坠，堵住气道，因此要抬高其下巴。

◆ 如孩子停止呼吸，应尽快施行人工呼吸，捏住其鼻孔，深吸一口气后，往其嘴里缓缓吹气，待其胸廓稍有抬起时，放松其鼻孔，以每分钟16~20次为宜，直至恢复呼吸。

◆ 一旦孩子心跳停止，应立刻进行心肺复苏。右手掌平放在其胸骨下段，左手交叉放在右手背上，缓缓用力将胸骨压下4厘米左右，然后松手腕，手不离开胸骨，以每分钟60~80次为宜，直到心跳恢复为止。

9.触电后千万别直接用手
拉扯孩子

孩子触电后，确保自己和孩子周围是安全的，再进行下一步急救操作，避免再次发生触电事故。

正确做法：

◆ 首先要迅速切断电源，如暂时不能切断电源，确认自身安全后，用绝缘的物体，如木棍等，将孩子和导电物体分开。

◆ 如果孩子心脏骤停，要进行人工呼吸和胸外心脏按压，旁边人员应迅速拨打120求助。

◆ 如果没有出现心脏骤停，皮肤表面有烧伤伤口，可以进行简单的创面处理。烧伤面积不算太大时，用流动水淋洗，或用清洁的凉水浸泡伤处。再用干净的布料或纱布覆盖，避免创口被污染，然后及时送往医院处理。

10. 煤气中毒要立即开窗通风

煤气中毒可能会对孩子产生不可逆转的危害，留下终生残疾。

正确做法：

◆ 立即开窗通风，将患儿转至室外，使其呼吸新鲜空气。

◆ 一定要尽快拨打120求救或就近去急诊就医。

11. 蜜蜂蜇伤后切忌挤压蜇咬处

孩子被蜜蜂蜇伤后挤压蜇咬处，可能会使更多的毒液释放出来，使其进入血液循环。

正确做法：

◆ 用肥皂水清洗孩子被蜇咬的部位。如果蜜蜂的毒针刺到孩子的皮肤里，可以试着将毒针取出。用冰块敷在蜇咬处，可以减轻疼痛和肿胀。

◆ 蜜蜂的叮咬大部分只会引起局部皮肤的不适，但极少数情况也可能导致严重的过敏反应。孩子被蜇后一定要密切观察。如孩子出现严重的红肿、皮疹、发热，甚至呼吸困难，要及时就医。

12. 骨折后不要随意移动伤处

日常生活中，家长应避免突然用力牵拉孩子的肢体，在孩子运动时也要做好防护措施。

正确做法：

◆ 如果骨折部位出血，用手指按住伤口血管上方或用干净的绷带帮助止血；把受伤部位的衣物脱下来或者剪掉，动作一定要轻柔。

◆ 不要移动受伤的肢体，可以用小木板、硬纸片，甚至折叠多层的报纸做临时夹板，用有弹性的绷带或者带子固定在骨折处。简单处理后尽快带孩子就医。

推荐书单

定价：20.00元

定价：15.00元

定价：18.00元

定价：18.00元

定价：16.00元

定价：15.00元

定价：25.00元

咨询电话：010-84657840